Abraham Martey

Efeitos dos sistemas de produção no crescimento do pimentão (C. annum L.)

Abraham Martey

Efeitos dos sistemas de produção no crescimento do pimentão (C. annum L.)

ScienciaScripts

Imprint

Any brand names and product names mentioned in this book are subject to trademark, brand or patent protection and are trademarks or registered trademarks of their respective holders. The use of brand names, product names, common names, trade names, product descriptions etc. even without a particular marking in this work is in no way to be construed to mean that such names may be regarded as unrestricted in respect of trademark and brand protection legislation and could thus be used by anyone.

Cover image: www.ingimage.com

This book is a translation from the original published under ISBN 978-620-2-30950-9.

Publisher:
Sciencia Scripts
is a trademark of
Dodo Books Indian Ocean Ltd. and OmniScriptum S.R.L publishing group

120 High Road, East Finchley, London, N2 9ED, United Kingdom
Str. Armeneasca 28/1, office 1, Chisinau MD-2012, Republic of Moldova, Europe
Printed at: see last page
ISBN: 978-620-8-07599-6

Crescimento, rendimento e aceitação do consumidor de pimento doce *(Capsicum annuum* L.) sob a influência de campo aberto e estufa Sistemas de produção

G. O Nkansah, J. C Norman, Martey Abraham

Universidade do Gana, Departamento de Ciência das Culturas,

Centro de Investigação de Culturas Florestais e Hortícolas

(FOHCREC), Okumaning - Kade na Região Oriental - Gana

Foi realizado um estudo sobre o pimentão (Capsicum anuum L) no que respeita ao crescimento, rendimento e aceitação pelo consumidor, influenciados pelos sistemas de produção em campo aberto e em estufa no Centro de Investigação de Culturas Hortícolas e Florestais da Universidade do Gana, Okumaning - Kade, na região oriental do Gana. A experiência foi conduzida na estação menor (estação seca) de outubro de 2014 a março de 2015. Foi utilizado um fatorial de 2 x 9, com três repetições. A experiência consistiu em dois sistemas de produção: estufa e campo aberto e nove variedades de pimentão: California Wonder, Yolo Wonder, Kulkukan, F1 Nobile, Crusader, Guardian, Embella 733- EM e Caribbean Red, Pepper 1) com três repetições. Foram registados dados relativos à altura da planta (cm), perímetro (mm), número de folhas, número de frutos por planta, peso do fruto por planta (kg), comprimento dos frutos (cm), diâmetro dos frutos (cm), espessura do pericarpo (mm), número de lóculos por fruto e rendimento (t/ha).

Todos os parâmetros medidos diferiram significativamente, exceto a espessura do pericarpo dos frutos. Na estufa, a Kukulkan (21,34 t) registou o rendimento mais elevado (t/ha), seguida da California Wonder (20,99 t) e da Yolo Wonder (8,20 t), o mais baixo. Em campo aberto, verificou-se que o rendimento da California Wonder (12,57 t) foi o mais elevado, seguido da Crusader (10,57 t) e da pepper 1 (5,02), que registou o menor peso. Os frutos foram classificados em função da sua aceitabilidade pelos consumidores (classificação = 1 - qualidade muito má a 9 - qualidade extremamente excelente). A California wonder (classificação -8) foi altamente aceite pelos consumidores em comparação com a Caribbean Red (classificação 4 - qualidade moderada), tanto em condições de estufa como de campo aberto.

Palavras-chave: Pimento doce, estufa, campo aberto, aceitabilidade pelo consumidor.

Índice

INTRODUÇÃO

O pimentão (Capsicum annum L.) pertence à família Solanaceae, que é um grupo importante de produtos hortícolas cultivados extensivamente e também amplamente cultivados em quase todos os países do mundo (Channabasavanna e Setty, 2000). Desenvolve-se melhor em climas quentes, onde a geada não é um problema durante as estações de crescimento. Em geral, requer temperaturas entre 25 e 35 °C (Olalla e Valero, 1994). O pimentão do comércio, também conhecido como pimentão (Sinnadurai 1992), é um dos alimentos mais variados e amplamente utilizados no mundo; é originário das regiões do México e da América Central e Cristóvão Colombo encontrou-o em 1493 (Kelley e Boyhan 2009). O pimentão é o segundo vegetal mais importante do mundo depois do tomate (Anon, 1989). É um dos vegetais mais importantes cultivados noutras partes dos trópicos sub-húmidos e semi-áridos (Aliyu, 2000). Em 2007, foram produzidas mais de 26 milhões de toneladas métricas de pimento a nível mundial (U.S. Dept. of Agriculture, 2008a). A China ficou em primeiro lugar, produzindo mais de 50% do pimento mundial, enquanto os Estados Unidos (EUA) ficaram em sexto lugar, com cerca de 855 000 toneladas métricas produzidas (U.S. Dept. of Agriculture, 2008a).

Os frutos do pimentão são colhidos na fase de maturação verde ou na fase de coloração e constituem uma excelente fonte de vitamina A e C e de outros nutrientes, sendo muito procurados nas grandes cidades e noutras zonas urbanas do país. Um pimentão verde médio pode fornecer até 8% da dose diária recomendada de vitamina A, 180% de vitamina C, 2% de cálcio e 2% de ferro (Kelley e Boyhan, 2009). O pimentão contribui substancialmente para a nossa dieta, é uma boa fonte de vitaminas A, C (mais do que a obtida a partir do tomate), E, B1, B2 e D (Muhamman e Auwalu, 2009). Um composto fenólico chamado capsaicina é responsável pela pungência do pimento. O pimento é cultivado como uma cultura anual devido à sua sensibilidade às geadas e é, na realidade, uma herbácea perene que sobrevive e produz durante vários anos em climas tropicais (Peet, 1995; Kelley e Boyhan, 2009). De acordo com Norman (1992), o cultivo de pimentão na África Ocidental está confinado aos centros urbanos, mas recentemente foram efectuadas produções em grande escala ou comerciais sob irrigação nas zonas rurais. É muito vulnerável à geada e cresce mal a temperaturas entre 5 e 15 °C (Bosland & Votava, 1999). A gama de temperaturas óptima para o crescimento do pimentão é de 20 a 25 °C. Existem vários factores que influenciam o crescimento e o rendimento do pimentão, alguns dos quais incluem a temperatura, a humidade relativa, a duração do dia, o fotoperíodo, etc. Juntamente com outros factores que afectam a produção por unidade de área, como a nutrição, a cultivar, o sistema de cultivo e a fertilidade do solo, a densidade das plantas tem a sua importância (Agarwal et al., 2007). A densidade e a disposição das plantas em campo aberto determinam fortemente a utilização da radiação solar interceptada, principalmente devido ao índice de área foliar. Por conseguinte, é imperativo notar que o pimento verde no Gana é adequado para a maioria das zonas ecológicas com bons parâmetros climáticos e edáficos para apoiar o seu crescimento nas culturas em campo aberto, enquanto as tecnologias de estufa permitem o cultivo de um grande número de espécies numa área geográfica específica. Num ambiente controlado, as condições climáticas são óptimas para determinadas espécies, independentemente do ambiente externo (FAO 2013). As estufas aumentam o rendimento das culturas até quatro a dez vezes mais do que as plantas cultivadas em condições de campo aberto; a qualidade do produto é normalmente superior à do campo aberto e a dependência de produtos químicos é drasticamente reduzida. As principais razões para o aumento dos rendimentos residem na natureza do ambiente de cultivo, bem como na genética de algumas variedades de estufa. O cultivo em campo aberto também tende a ser muito mais fácil e menos dispendioso, daí a produção de produtos hortícolas frescos por muitas pessoas neste sistema de produção. Em Israel, por exemplo, a investigação é geralmente efectuada em estufas totalmente climatizadas (http://www.arc-avrdc.org/pdf files/Some (17- N).pdf As estufas têm sido utilizadas na Europa, nos EUA, no Canadá e em vários outros países há muitas décadas para melhorar os rendimentos (Wiltshire, 2007) e isto também pode ser incorporado no nosso ambiente. Na agricultura, a determinação da qualidade dos produtos baseia-se numa multiplicidade de caraterísticas (Dull, 1986): sabor (doçura, acidez); aspeto (cor, tamanho, forma, manchas, brilho); e textura (firmeza, sensação na boca). Estas caraterísticas podem ser influenciadas pelo sistema de produção, uma vez que as culturas estão expostas a condições ambientais externas variadas. Há muitas culturas hortícolas, incluindo o pimento, que são adaptadas em todas as partes da África Ocidental, não sendo o Gana uma exceção. No Gana, por exemplo, o pimento é cultivado em todas as zonas ecológicas do país: savana costeira, floresta tropical até às zonas de savana da Guiné, em campo aberto, e a tecnologia de estufa só é aplicável nas estações de investigação e nas poucas explorações agrícolas bem estabelecidas que adoptaram para a produção de vários produtos hortícolas. Para cada um destes sistemas de produção existem poucos ou nenhuns registos que permitam determinar o crescimento, o rendimento e a preferência ou a escolha aceitável pelo consumidor. Existem condições climáticas, como as temperaturas altas e baixas predominantes, a energia, a precipitação alta ou baixa, o encharcamento, a humidade relativa mais elevada e os ventos fortes, que são factores limitantes para o cultivo do pimentão em campo aberto. Na estufa, quando os parâmetros de crescimento não são devidamente regulados, podem afetar a qualidade dos frutos produzidos, o que pretende afetar as exigências e a aceitação dos consumidores. A frutificação do pimento é grandemente influenciada pela humidade e pela temperatura. A baixa humidade e as temperaturas elevadas provocam uma frutificação deficiente devido à queda dos botões florais, das flores e dos frutos pequenos causada pela sua abscisão devido à transpiração excessiva, e as temperaturas nocturnas inferiores a 15,6 °C e superiores a 32,2 °C impedem a frutificação (Norman (1992). De acordo com Sinnadurai (1992), o pimentão requer um clima mais ameno para uma boa produção, ao contrário do pimentão que requer temperaturas elevadas e o tempo muito quente diminui a iniciação das flores, o que afecta a produção de frutos. A produção de flores aumenta significativamente quando as temperaturas nocturnas durante a estação de crescimento se situam entre 12-21°C e os frutos também desenvolvem escaldões solares quando cultivados na estação seca em campo aberto.

A adoção de formas de aumentar a produção de pimento verde trouxe à luz do dia a utilização de ambientes controlados (estufas, estufins, etc.). Os sistemas de estufa são importantes, uma vez que podem ser utilizados durante todo o ano para aumentar a produção, mesmo nas épocas de escassez. No entanto, tanto o mercado de exportação como o mercado local exigem frutas e legumes selecionados de alta qualidade, que preservem o seu estado fresco no mercado. Além disso, há uma procura crescente de frutas e legumes que sejam benéficos para um estilo de vida saudável, bem como ricos em ingredientes que influenciem positivamente a prevenção de qualquer disfunção de saúde.

Uma vez que a maioria dos produtos agrícolas sofre alterações no seu conteúdo interno e nas suas propriedades externas após a colheita, é crucial determinar o sistema de produção ideal que pode melhorar a qualidade e a aceitabilidade dos frutos pelos consumidores ou utilizadores finais. Para que o cultivo do pimento seja bem sucedido e aceite pelos consumidores, devem ser testados diferentes sistemas de produção. Chandra *et al.,* (2000) e Singh *et al.,* (2004) e (2010) indicaram que as estufas, os túneis e a cobertura morta com plástico são as soluções mais adequadas para aumentar o rendimento do pimentão. As estruturas protegidas funcionam como barreira física e desempenham um papel fundamental na gestão integrada das pragas, impedindo a propagação de insectos, pragas e vírus que causam danos graves à cultura (Singh *et al.,* 2003).

Por conseguinte, é imperativo notar que cerca de 95% das plantas, quer se trate de culturas alimentares ou de culturas de rendimento, são cultivadas em campo aberto. Desde tempos imemoriais, o homem aprendeu a cultivar plantas em condições ambientais naturais. Nalgumas regiões onde as condições climáticas são extremamente adversas e não é possível cultivar, a tecnologia das estufas é a técnica que permite proporcionar condições ambientais favoráveis às plantas; é antes utilizada para proteger as plantas das condições climáticas adversas, como o vento, o frio, a precipitação, a radiação excessiva, as temperaturas extremas, os insectos e as doenças. De acordo com Wiltshire (2007), as estufas aumentam o rendimento das culturas em 4 a 10 vezes em comparação com as plantas cultivadas em condições de campo aberto. A qualidade dos produtos obtidos em estufas é normalmente mais elevada do que em campo aberto e a dependência de produtos químicos é drasticamente reduzida, o que se deve à natureza do ambiente de cultivo, bem como à genética ou ao tipo de variedades cultivadas. O rendimento das culturas pode variar consoante a cultivar ou a variedade utilizada.

Por conseguinte, é imperativo notar que a informação disponível sobre o cultivo de pimentão através de tecnologia protegida ou estufa e em campo aberto no Gana é muito limitada; assim, o estudo foi realizado para disponibilizar informação sobre os primeiros e os últimos sistemas de produção, bem como sobre a sua aceitação pelos consumidores. Os objectivos do estudo consistiam em determinar a aceitação pelo consumidor do pimentão cultivado em condições de estufa e de campo aberto, bem como em determinar o crescimento e o rendimento óptimos do pimentão em função do sistema de produção em estufa e em campo aberto

1. MATERIAIS E MÉTODOS

A experiência foi realizada durante a época de menor cultivo de 2015 no Centro de Investigação de Culturas Hortícolas e Florestais da Universidade do Gana (FOHCREC) em Kade, na Região Oriental do Gana. Está localizado na zona agro-ecológica da floresta semidecídua do Gana, no distrito de Kwaebibrim. Kwaebibirim é conhecida por um padrão de precipitação bimodal com dois picos, ou seja, precipitação maior e menor. O ensaio foi realizado em estufa e em campo aberto em simultâneo; por conseguinte, esta experiência foi realizada na estação menor, de outubro de 2014 a março de 2015. Um experimento fatorial 2x9 foi estabelecido em um projeto de bloco completo randomizado com 18 tratamentos em três (3) replicações. Os dois factores envolvidos no ensaio incluíram dois (2) sistemas de produção; sistemas de produção em campo aberto e em estufa e nove (9) variedades de pimentão (California Wonder, Yolo wonder, Guardian pepper , Embella 733, F1 Nobili, Pepper 1, Caribbean red , Kulkukan e Crusader).

As plântulas foram cultivadas em estufa. As sementes foram semeadas em tabuleiros de sementes (semente por célula) de 120 células por tabuleiro de sementes. Os tabuleiros de sementes foram preenchidos com casca de arroz carbonatada (Biochar). Foi aplicado um fertilizante foliar N-P-K 1919-19 2 semanas após a germinação, à razão de 10g por 1litro de água, às plântulas para estimular o crescimento. As plântulas foram transplantadas 6 semanas após a sementeira, na fase de 5-6 folhas verdadeiras; os transplantes foram mergulhados numa solução de arranque para facilitar a formação de raízes e o estabelecimento precoce. As plântulas foram transplantadas simultaneamente no campo aberto e na estufa a 26 de dezembro de 2015, a uma distância de plantação de 30 cm dentro das linhas e 40 cm entre linhas por canteiro. A distância entre canteiros foi de 1 m. As plantas foram irrigadas na estufa usando o sistema de loop que faz parte da configuração da estufa environdome. No sistema de campo aberto, a rega manual suplementar (1 litro por planta) foi aplicada quinzenalmente para manter a humidade durante todo o período de crescimento.

Foram recolhidos dados sobre os seguintes parâmetros: parâmetros de crescimento, parâmetros de rendimento e teste de aceitabilidade; altura da planta, diâmetro do caule, número de folhas por planta, dias até 50% de floração, peso seco da biomassa, número de frutos por planta, rendimento do fruto (t/ha), comprimento do fruto, largura do fruto, espessura do pericarpo, número de lóculos, número de sementes e teste de aceitabilidade do pimentão pelo consumidor com base nas seguintes classificações de 1 a 9 em textura, ausência de defeitos, brilho, tamanho e lustro, conforme indicado por Aoun *et al,* (2013). Gráfico de aceitabilidade; 1 = qualidade muito má, 2 = qualidade má, 3 = qualidade moderada, 4 = qualidade moderada a forte, 5 = qualidade forte, 6 = qualidade forte a muito forte, 7 = qualidade muito forte, 8 = qualidade muito forte a extremamente forte e 9 = qualidade extremamente excelente. Os dados obtidos foram submetidos a uma análise de variância, ou seja, ANOVA, utilizando o Genstat Discovery. As médias foram separadas utilizando a diferença mínima significativa (LSD) a 5%. Foram efectuadas outras análises

utilizando a análise de correlação e a análise de regressão linear simples.

2. RESULTADOS E DISCUSSÃO

Todos os parâmetros de crescimento, parâmetros de rendimento e teste de aceitabilidade diferiram significativamente devido às diferentes variedades testadas em diferentes locais, como mostra a análise de variância. Todos os parâmetros apresentaram resultados significativos, exceto o número de lóculos por fruto.

Altura da planta (cm)

Houve um aumento significativo na altura das plantas em ambos os locais. Na estufa aos 6 DAT, a Kukulkan teve a maior altura (93,7) seguida da Caribean Red (65,7) com a Embella 733 a registar a menor altura e no campo aberto, mas aos 6 DAT, a Kukulkan registou a maior altura (43,9) e a Crusader também a seguiu com 38,9 enquanto a Pepper 1 (26,7) teve a menor altura. (Quadro 1). A altura da planta ajuda-a a atrair a luz, na medida em que quanto mais alta for a planta, mais facilmente atrai a luz. Ogbodo (2009), que revelou que as plantas altas têm acesso fácil à luz para a fotossíntese

Diâmetro do caule (cm)

Foram observadas diferenças significativas em termos de diâmetro do caule entre as variedades, tanto em estufa como em campo aberto, aos 6 DAT. Na estufa, a Kukulkan registou o diâmetro de caule mais grosso (1), seguida da Crusader (0,94) e da Yolo wonder (0,76), o diâmetro de caule mais fino. Por outro lado, a Kukulkan (0,89) registou o diâmetro de caule mais grosso em campo aberto, seguida da

Guardian pepper (0,86) e a Pepper 1 (0,79) registou o diâmetro de caule mais fino (Quadro 1). Não houve interação entre variedades e locais.

Número de folhas por planta

Foram observadas diferenças significativas entre o número de folhas tanto na estufa como no campo aberto. Aos 6 WAT, Kukulkan teve o maior número de folhas (94,0) por planta, seguido por Caribbean Red (62,0). Embella 733 e F1 Nobili tiveram o menor número de folhas (33,0 e 30,0) respetivamente na estufa. No campo aberto, aos 6 WAT, foi observada uma diferença altamente significativa entre os tratamentos, com Kukulkan e Crusader registando o maior número de folhas (39,0), seguidos por Embella 733 (34,0) e Caribbean Red (33,0). A California Wonder teve o menor número de folhas (29,0) (Tabela 1). Houve interação entre sistema de produção e variedades. O provável aumento da altura das plantas, a espessura do caule e o melhor número de folhas do pimentão cultivado em estufa, em comparação com o campo aberto, podem ser atribuídos a condições ambientais favoráveis, uma vez que Heurn (2004) indicou que as culturas em estufa estão mais bem protegidas das influências exteriores, com água adequada. Verificou-se também que, em muitas partes do mundo, as redes ou telas contra insectos são normalmente utilizadas na produção de culturas para reduzir a radiação solar excessiva, os efeitos climáticos sobre os produtos, ou para manter os insectos afastados (http://www.aces.edu/go/87). (Medany *et al.*, 2009) registaram um aumento da área foliar no pimentão.

Biomassa de pimentão peso seco (g)

Na estufa, na fase de crescimento vegetativo (i.e. 4 WAT), o peso de biomassa seca mais elevado foi o da Kukulkan (5,3), da Crusader (3,4) e da California Wonder (3,0). Tanto a Caribbean Red como a Embella tiveram o mesmo peso de biomassa (2,8). P1 (2,4), Yolo Wonder (2,5) e Guardian pepper (2,6) registaram o menor peso de biomassa seca. Enquanto que, no campo aberto, o maior peso de biomassa foi registado pela Kukulkan (3,9), Crusader
(3.2) A pimenta Guardian (3,1) com a biomassa mais baixa registada na Caribbean

Red (1,9), Embella 733 (2,1), e Yolo Wonder (2,1). Houve uma interação

significativa entre o sistema de produção e as variedades, tanto na fase vegetativa

como na reprodutiva. Na fase de crescimento reprodutivo (isto é, 6 WAT), a

California Wonder (8,9), a Kukulkan (8,6) e a Embella 733 (8,5) registaram o maior

peso de biomassa, seguidas da Caribbean Red (7,5) e da F1 Nobili (7,4). O menor

peso de biomassa seca foi encontrado na Crusader (5,5) e na Guardian pepper (6,9).

Enquanto que, em campo aberto, o Kukulkan

(9.3) e F1 Nobili (7,1) tiveram o maior peso de biomassa seca, seguidos por Crusader

(5,8), Pepper 1 (5,7) e Caribbean Red (5,6), enquanto Embella 733 (5,3) registou o

menor peso de biomassa (Quadro 1). Foram observadas diferenças significativas

entre os sistemas de produção, uma vez que a estufa registou o maior peso de

biomassa em comparação com o campo aberto em ambas as fases de crescimento.

Dias até 50% de floração e número de frutos por planta

Foram observadas diferenças significativas entre os tratamentos, tanto na estufa como no campo aberto. Na estufa, a California Wonder, Pepper 1, F1 Nobili (22) foi significativamente influenciada pela floração. A Caribbean Red e a Kukulkan (32 e 35) foram consideradas variedades de floração tardia em comparação com as variedades de campo aberto, onde também foram observadas diferenças significativas, e a Guardian (23) e a Yolo Wonder (26) floresceram cedo, seguidas da Crusader (27) e da Embella 733 (27). Caribbean Red (37) e Kukulkan (34) apresentaram flores tardias (quadro 1). Houve uma interação significativa entre o sistema de produção e as variedades, ou seja, a estufa apresentou flores mais precoces do que o campo aberto.

Número de frutos por planta

O número de frutos por planta foi significativamente afetado por todos os tratamentos, tanto em estufa como em campo aberto. O número de frutos por planta diferiu significativamente entre as variedades na estufa. Caribbean Red (40) e Kukulkan (33) tiveram o maior número de frutos por planta. California Wonder, Embella 733 e F1 Nobili tiveram 13 frutos por planta. A Yolo Wonder e a Guardian tiveram o menor número de frutos por planta, enquanto o número de frutos por planta diferiu significativamente no campo aberto, onde a Kukulkan (30,0) e a Caribbean Red (27,0) tiveram o maior número de frutos por planta, seguidas da Crusader (11,0) e da pimenta Guardian (10,0). California Wonder, Embella 733 e Yolo Wonder (9,0) tiveram o mesmo número de frutos por planta. P1 (7,0) e FN (8,0) também tiveram o menor número de frutos por planta (Tabela 1).

Foi observada uma diferença significativa entre os sistemas de produção, que mostrou que a estufa registou um maior número de frutos em comparação com o campo aberto. Não se verificou uma interação significativa entre a variedade e o local. Kanwar *et al.,* (2014) encontraram um maior número de frutos por planta em pimentão sob condições de cultivo em estufa.

Rendimento de frutos (t/ha)

A maior produção de frutos (t/ha) foi significativamente obtida pela Kukulkan

(21,34), seguida da California Wonder (20,99) e da Crusader (17,29), que foi superior no seu efeito em estufa. Caribbean Red (14,79), Embella 733 (13,76) e Guardian (11,4) também diferiram significativamente com Yolo Wonder (8,20) e F1 Nobili (9,23), que obtiveram o menor rendimento de frutos na estufa em comparação com o campo aberto, onde a diferença significativa observada revelou que California Wonder (12,57) registou o maior rendimento seguido por Crusader (10,57) e Kukulkan (9,22). A baixa produção de frutos registada em campo aberto foi observada na Pepper 1 (5,02) e na Caribbean Red (5,76), respetivamente. A estufa registou o maior peso de fruto em comparação com o campo aberto. Verificou-se uma interação significativa entre o sistema de produção e as variedades testadas (Quadro 1). A estufa, no entanto, teve resultados significativos entre todas as variedades estudadas, o que confirma o que Kurubetta e Patil (2009) relataram, que os híbridos de pimentão sob diferentes culturas protegidas registaram resultados significativos entre todos os híbridos testados. Verificou-se também uma elevada diferença de rendimento entre as variedades de estufa e as variedades de campo aberto, variando entre 50% e 150%, respetivamente, o que pode dever-se às condições ambientais favoráveis, uma vez que Zakaria (2003) revelou que a estufa totalmente controlada aumentou o rendimento fresco do pimentão em 176,8% e 228,5% em comparação com o ambiente parcialmente controlado. Chandra et al., 2000, e Singh et al., 2004 e 2010, indicaram que as estufas e os túneis são as soluções mais adequadas para aumentar o rendimento do pimentão, uma vez que as culturas estão a ser protegidas. Brar *et al.* (2005) registaram o maior rendimento de Capsicum *var.* bombay em condições de estufa múltipla

Comprimento do fruto (cm)

No entanto, na estufa, a California Wonder (8,75) e a Crusader (7,11) registaram o maior comprimento de fruto, seguidas da F1 Nobili (6,91). O menor comprimento de fruto foi, portanto, a Caribbean Red (3,23), em comparação com o campo aberto, observou-se uma diferença significativa entre os tratamentos. A California Wonder (6,51) e a Crusader (6,19) também registaram o maior comprimento de fruto, seguidas da Pepper 1 (5,63), Embella 733 (5,61), F1 Nobili (5,49) e Yolo Wonder (5,37). Mas Caribbean Red (3,00) e Kukulkan (3,39) tiveram o menor comprimento de fruto (Tabela 2). Não foi encontrada nenhuma interação significativa entre os tratamentos. Khokhar *et al.,* (2006) registaram diferenças significativas no tamanho dos frutos, tanto em comprimento como em largura, nos diferentes híbridos de tomate em estudo

Largura do fruto (cm)

Na estufa, a largura aumentou significativamente com Pepper 1 (6,34), Yolo Wonder (6,08) e Crusader (6,05) registaram a maior largura de fruto, seguidas por Guardian (5,66), EM (5,48), FN (5,42) e California Wonder (5,36), enquanto a menor largura de fruto foi observada em Caribbean Red (2,57) e Kukulkan (2,86), em comparação com o campo aberto, foram observadas diferenças significativas em todas as variedades com Pepper 1 (5.54), Yolo Wonder (5,26) e California Wonder (5,24) apresentaram a maior largura de fruto, seguidas por Crusader (5,18), F1 Nobili

(5,14), Guardian (5,08) e Embella 733, enquanto Caribbean Red (2,57) e Kukulkan (2,86) apresentaram a menor largura (Quadro 2). Foi observada diferença significativa entre os sistemas de produção, ou seja, tanto em estufa quanto em campo aberto. A estufa apresentou a maior largura de frutos em relação ao campo aberto. Não foi encontrada interação significativa entre os tratamentos. Singh *et al.*, (2011), afirmaram que o híbrido Tanvi produziu o máximo de diâmetro de fruto, n° de frutos/planta, peso individual de fruto e rendimento em cultivo protegido.

Espessura do pericarpo (mm)

Foi observada uma diferença altamente significativa entre os tratamentos que influenciaram a espessura do pericarpo, tanto na estufa como no campo aberto. Também os efeitos da interação afectaram de forma muito significativa o pericarpo do fruto. Na estufa, a espessura do pericarpo diferiu significativamente, sendo que Guardian (4,0), Crusader (4,0), California Wonder (4,0), Embella 733 (4,0) tiveram a espessura de pericarpo mais espessa, seguidos por P1 (3,5) e a espessura de pericarpo mais fina foi observada em Caribbean Red e Kukulkan, ambos com espessura de pericarpo igual, enquanto que no campo aberto, foi observada uma diferença significativa entre os tratamentos. GD (4,2) e Yolo Wonder (4,0) registaram a maior espessura do pericarpo. Também houve diferença significativa entre Embella 733 (3,5), F1 Nobili (3,4), e Crusader (3,3) e California Wonder e Pepper 1 (3,0). Tanto a Kulkukan como a Caribbean Red (2,0) apresentaram, respetivamente, a espessura de pericarpo mais fina (Quadro 2). Verificou-se uma interação significativa entre o sistema de produção e as variedades. Chaudhry et al, (2003) também encontraram variações na espessura do pericarpo em estudos com tomates. O número de sementes por fruto diferiu significativamente entre todas as variedades utilizadas neste estudo

Número de lóculos por fruto

Não se observou diferença significativa entre os tratamentos. Não houve interação significativa entre as variedades e o sistema de produção (quadro 2). Muhammad (2015), confirmou que o resultado não significativo registado no caso do número de lóculos ao nível de significância de 0,05%, mas os resultados são contrários às conclusões de Khokhar *et al.,* (2006).

Número de sementes por fruto

O número de sementes por fruto diferiu significativamente entre todas as variedades utilizadas neste estudo. Na estufa, Embella 733 (193), F1 Nobili (164) Crusader (124) obtiveram o maior número de sementes. Yolo Wonder (99), Pepper 1 (76) e Caribbean Red (70) também variaram significativamente, enquanto que California Wonder (45) teve o menor número de sementes por fruto, enquanto que, em campo aberto, foi observada uma diferença altamente significativa entre os tratamentos. O maior número de sementes foi observado em Embella 733 (228) e F1 Nobili (161). Também foi observada uma diferença significativa entre Guardian (142), Crusader (119), Yolo Wonder (99), Caribbean Red (70) e Pepper 1 (76) com o menor número de sementes observado em California Wonder (45) (Quadro 2). Foi observada uma diferença significativa entre os sistemas de produção, tanto em estufa como em campo aberto. As variedades em estufa apresentaram o menor número de sementes por fruto em comparação com o campo aberto, que registou o número máximo de sementes por fruto. Verificou-se uma interação significativa entre o sistema de produção e as variedades. Baer e Smeets (1978) e Bakker (1989) não encontraram correlação entre o número de sementes e o tamanho do fruto no pimentão, o que confirma esta investigação de que não há correlação entre o número de sementes e a produção de frutos. Marcelis e Baan, (1995) referiram que, em condições normais de crescimento, a quantidade de sementes por fruto é muito variável.

Aceitabilidade dos frutos

Tamanho do fruto; Foram observadas diferenças significativas entre o nível de aceitação dos frutos com base no tamanho do fruto, sendo que a California Wonder e a Crusader foram altamente aceites (8 = qualidade muito forte a extremamente forte) para as variedades de estufa, mas as mesmas variedades foram aceites com a classificação de 5 (qualidade forte) e 6 (qualidade forte a muito forte) em campo aberto, respetivamente (Figura 1). Os consumidores aceitaram mais estes frutos de pimentão na estufa devido ao seu tamanho (maior), elevada qualidade e natureza mais apelativa

Brilho do fruto; Foram observadas diferenças significativas entre o nível de aceitação dos frutos com base no brilho do fruto, sendo que a Califórnia foi altamente aceite (8 = qualidade muito forte a extremamente forte) para as variedades de estufa e as mesmas variedades foram aceites com a classificação de 4 (qualidade forte) nas variedades de campo aberto (Figura 2). Os consumidores aceitaram mais estes frutos de pimento doce da estufa devido à sua natureza mais apelativa.

Brilho do fruto; Foram também observadas diferenças significativas entre o nível de aceitação dos frutos com base no brilho do fruto, sendo que a California Wonder e a Crusader foram altamente aceites na escala de (8 = qualidade muito forte a extremamente forte) para as variedades de estufa, mas as mesmas variedades foram aceites em diferentes classificações de 5 (qualidade forte) e 6 (qualidade forte a muito forte), respetivamente. Os consumidores aceitaram mais estes frutos de pimentão doce, especialmente os de estufa, devido à sua superfície lisa e natureza mais apelativa. O Caribbean Red e o Kukulkan (classificações 4 e 5) registaram significativamente o nível de aceitação mais baixo, tanto em estufa como em campo aberto, com as classificações 5 e 4 (qualidade moderada a forte e qualidade moderada). (Figura 3) Os resultados actuais revelaram que a estufa melhorou especificamente o aspeto físico dos frutos em relação aos tratamentos em campo aberto. Em geral, verificou-se que a aceitabilidade do consumidor se baseava em caraterísticas de aparência física como a cor, o tamanho, a forma, a ausência de manchas e o brilho, que são os principais índices da procura de determinados produtos por parte dos consumidores.

Jovicich *et al.*, 2004, também relataram resultados de investigação semelhantes na Flórida, onde os preços médios da fruta por grosso durante todo o ano subiram 3 vezes mais do que os da fruta colorida cultivada no campo e 5 vezes mais do que os da fruta verde cultivada no campo. Há um relatório que refere que os pimentos coloridos cultivados em estufa no México estabeleceram um prémio de 60% sobre os pimentos do campo do México (USDA, 2005). Jovicich et al. (2005) descobriram que a produção em estufa é um empreendimento lucrativo, o que está em conformidade com esta investigação.

Quadro 1. Desempenho do *pimentão em estufa e em campo aberto*

Variety	PH (6 WAT) (cm)		Plant girth (6 WAT) (cm)		Number of leaves (6 WAT)		Biomass dry weight/plant (g)		Days to 50% flowering		Number of fruits/ plant		Yield (t/ ha)	
	Open Field	Green house	Open Field	Green house	Open Field	Green house	Open Field	Green house	Open Field	Green house	Open Field	Green house	Open Field	Green house
Caribbean R.	33.5	65.70	0.81	0.78	33.00	52.00	1.90	2.80	37.00	35.00	27.00	40.00	5.76	14.79
Crusader	38.9	59.80	0.85	0.94	33.90	43.00	3.20	3.40	27.00	23.00	11.00	12.00	10.56	17.29
California	29.70	53.5	0.88	0.79	29.00	41.00	2.70	3.00	28.00	22.00	9.00	13.00	12.57	20.99
Embella	27.00	42.1	0.85	0.79	34.00	33.00	2.10	2.80	27.00	23.00	9.00	13.00	7.05	13.76
F1 Nobili	33.60	43.3	0.84	0.79	28.00	30.00	2.50	2.90	29.00	22.00	8.00	13.00	6.31	9.23
Guardian	32.00	45.60	0.86	0.89	33.00	41.00	3.10	2.60	23.00	24.00	10.00	10.00	9.18	11.14
Kukulkan	43.90	93.70	0.89	1.00	39.00	94.00	3.90	5.30	34.00	32.00	30.00	33.00	9.22	21.34
Pepper I	26.70	44.5	0.79	0.83	30.00	41.00	2.30	2.40	29.00	22.00	7.00	12.00	5.02	14.82
Yolo W	28.50	43.4	0.80	0.76	29.00	37.00	2.10	2.30	26.00	25.00	9.00	10.00	7.53	8.20
LSD(0.05)														
Var	**7.2**		**0.10**		**9.5**		**0.4**		**1.6**		**7.6**		**2.29**	
PS	**3.3**		**0.04 NS**		**4.5**		**0.2**		**0.7**		**3.6**		**1.08**	
Var × PS	**9.9**		**0.14 NS**		**13.5**		**0.6**		**2.3**		**10.8NS**		**3.24**	

Var - variedade, PS - sistema de produção, Var x PS - variedade * sistema de produção, NS - não significativo

Quadro 2. Desempenho do *pimentão em estufa e em campo aberto.*

Variety	Fruit length (cm)		Fruit diameter (cm)		Pericarp thickness (mm)		Number of Locules per fruit	
	Open Field	Green house	Open Field	Green house	Open Field	Green house	Open Field	Green house
Caribbean R.	3.00	3.23	2.57	2.80	2.0	2.0	3.0	3.0
Crusader	6.19	7.11	5.18	6.05	3.3	4.0	3.0	3.0
California	6.51	8.75	5.24	5.36	3.0	4.0	2.0	2.0
Embella	5.38	6.75	5.00	5.48	3.5	4.0	4.0	4.0
F1 Nobili	5.49	6.91	5.14	5.42	3.4	4.0	4.0	4.0
Guardian	5.43	6.65	5.08	5.66	4.2	4.0	3.0	3.0
Kukulkan	3.39	3.83	2.86	3.22	2.0	2.0	4.0	4.0
Pepper I	5.63	6.67	5.54	6.34	3.0	3.5	3.0	3.0
Yolo W	5.37	6.42	5.26	6.08	4.0	4.0	3.0	4.0
LSD(0.05)								
Var	0.98		0.34		0.15		0.0 NS	
PS	0.46		0.16		0.7		0.0 NS	
Var × PS	1.9NS		0.49NS		0.22		0.0 NS	

Var - variedade, PS - sistema de produção, var *PS - variedade * sistema de produção, NS - não significativo

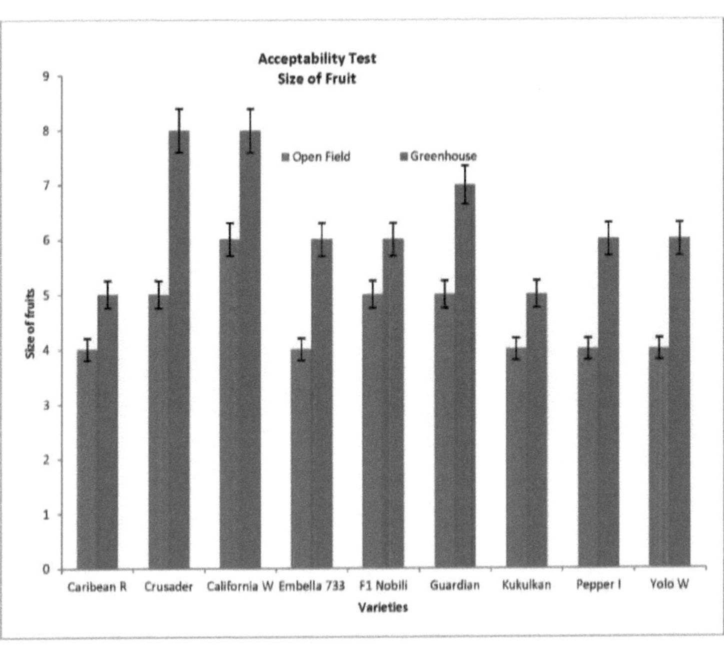

Figura 1: Aceitação pelo consumidor de variedades de pimentão com base no tamanho do fruto, os resultados foram uma média de 2 níveis de sistemas de produção e 9 variedades de pimentão

27

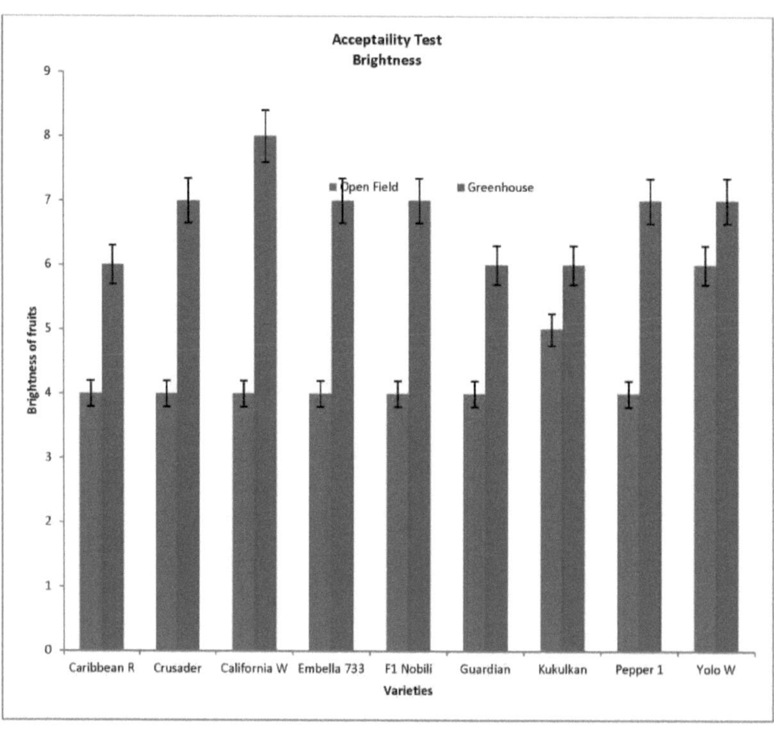

Figura 2: Aceitação pelo consumidor de variedades de pimentão com base no brilho dos frutos, os resultados foram uma média de 2 níveis de sistemas de produção e 9 variedades de pimentão

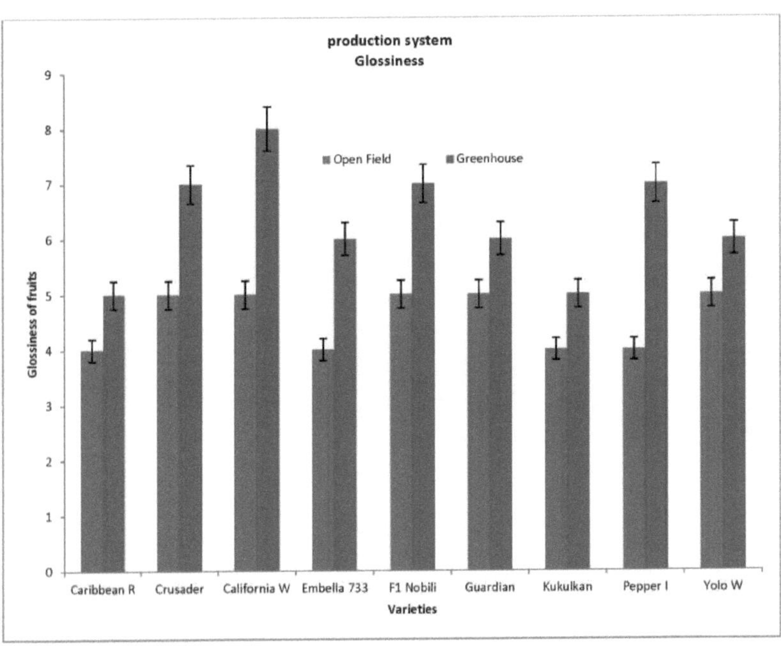

Figura 3: Aceitação pelo consumidor de variedades de pimentos doces com base no brilho dos frutos, os resultados foram uma média de 2 níveis de sistemas de produção e 9 variedades de pimentos doces

Relação entre a produção de frutos e o comprimento dos frutos

A relação entre a produção de frutos e o comprimento dos frutos mostra que Y= produção de frutos kg/ha e x= comprimento dos frutos (cm). As equações indicam que a resposta do rendimento ao sistema de produção é quase linear. Verificou-se uma relação negativa altamente significativa entre a produção de frutos (toneladas/ha) e o comprimento dos frutos de doce (Fig. 4)

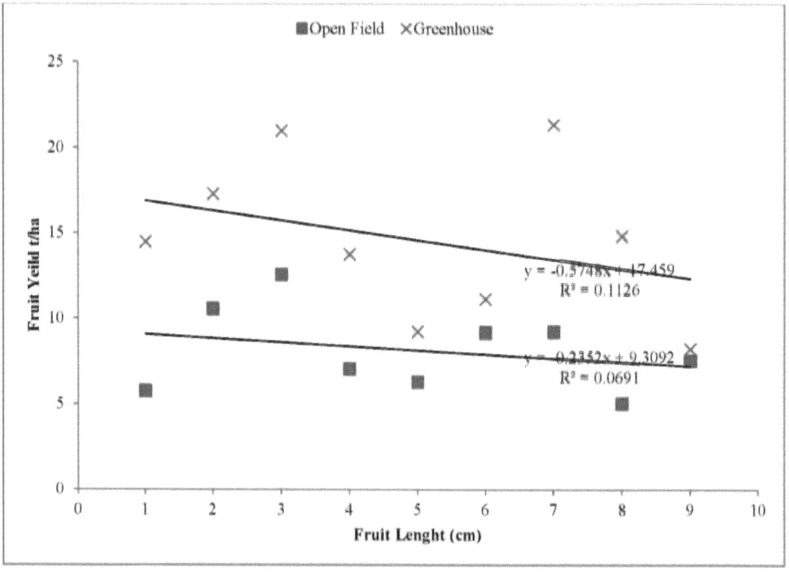

Figura 4: Relação linear entre a produção de frutos (t/ha) e o comprimento dos frutos, em média, em 2 níveis de sistema de produção.

Relação entre a produção de frutos e o comprimento dos frutos

A largura dos frutos de 3-4 cm foi considerada o limite superior para uma maior produção de frutos de pimentão cultivado em cultura protegida durante o período experimental (novembro-março). Além disso, a largura máxima do fruto que aumentou a produção de frutos em campo aberto foi de cerca de 2 cm.

Além disso, foi observada uma relação negativa e significativa entre a produção de frutos (toneladas/ha) e a largura dos frutos (cm), o que mostra que a largura é um componente de rendimento significativo para medir a produção de pimentão **(Fig. 5)**.

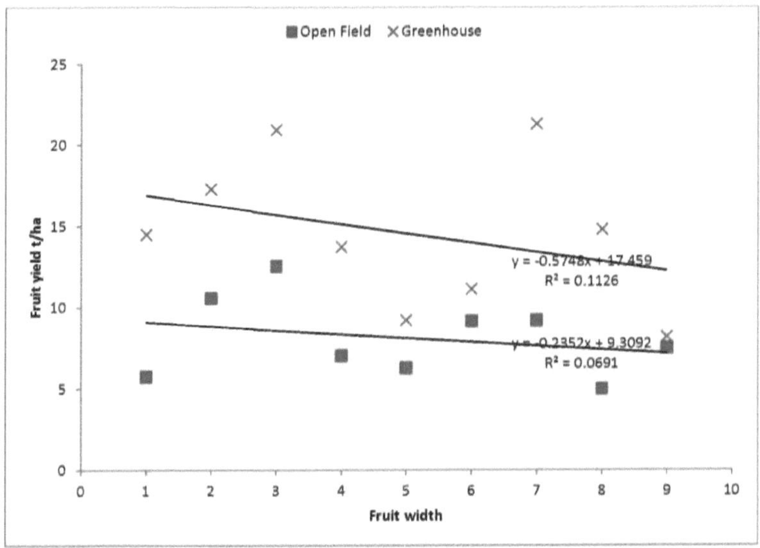

Figura 5: Relação linear entre a produção de frutos (t/ha) e a largura dos frutos, em média, em 2 níveis de sistema de produção.

Conclusão

Conclui-se, portanto, que foram observadas diferenças significativas tanto na estufa como no campo aberto. Na estufa, a Kukulkan registou o rendimento mais elevado (t/ha), seguida da California Wonder e da Yolo Wonder, enquanto que o campo aberto mostrou que o rendimento da California Wonder foi o mais elevado, seguido da Crusader e da pimenta 1, que teve o menor peso.

Além disso, a procura de pimentos doces de estufa por parte dos consumidores é muito elevada, uma vez que são produzidos pimentos frescos de grande dimensão e de elevada qualidade, que estão disponíveis durante todo o ano.

Referência

Agarwal, A., Gupta, S. e Ahmed, Z. (2007). Produtividade do pimentão (Capsicum annum L.) em estufa no deserto frio de alta altitude de Ladakh. Ata Hort. 756:309-314.

Aliyu, L. (2000). Os efeitos do fertilizante orgânico e mineral no crescimento, rendimento e composição do pimento. Agricultura Biológica e Horticultura. 18 (1): 29-36.

Anónimo, (1989). Tomato and Pepper Production in the Tropics (Produção de Tomate e Pimento nos Trópicos). Centro Asiático de Investigação e Desenvolvimento de Vegetais, Taiwan, 1989.

Aoun B,. Belgacem L,. Leila B e Ali F. (2013). Avaliação das caraterísticas de qualidade dos frutos de (10) variedades tradicionais de tomate (Solanum Lycopersicum) cultivadas na Tunísia. Revista Académica Vol PP 350-354.

Baer J, Smeets J. (1978). Efeito da humidade relativa na frutificação e na formação de sementes em pimento (Capsicum annuum L.). Jornal Holandês de Ciências Agrícolas 26: 59-63

Bakker J. C. (1989). The effects of air humidity on flowering, fruit set, seed set and fruit growth of glasshouse sweet pepper (Capsicum annuum L.). Scientia Horticulturae 40: 1-8.

Bosland P.W e Botava E.J (2000). Peppers: vegetable and spice capsicums. CABI.

Publishing, Wallingford, Reino Unido.

Brar, G.S., R.N. Sabale, M.S. Jadhav, C.A. Nimbalkar e B.J. Gawade, 2005. Effect of trickle irrigation and light levels on growth and yield of Capsicum under polyhouse conditions. J. Maharashtra Agric. Univ., 30: 325-328.

Channabasavanna, A. S e Setty R. A., (2000). Influência de diferentes intervalos de rega no crescimento e rendimento do pimento Pp. 5- 9.

Chandra P, Sirohi P. S., Behera T. K e Singh A. K., (2000). Cultivo de legumes em estufa. Indian Horticulture 45 (3): 17-32.

Chaudhry, M.F., G. Jeelani, S. Riaz e M.H. Bhatti, 2003. Potencial de rendimento de alguns híbridos indeterminados e de uma variedade de tomate de polinização aberta durante o inverno em túnel de plástico em Islamabad. Pak. J. Arid Agric., 6: 5-7.

Dull, G.G. (1986): Avaliação não destrutiva da qualidade de frutos e legumes armazenados. Tecnologia Alimentar, 40(5) 106-110

Organização das Nações Unidas para a Alimentação e a Agricultura Roma, (2013). Boas práticas agrícolas para culturas hortícolas em estufa. Documento da FAO sobre produção e proteção vegetal 217.

Jovicich E., Cantliffe D.J., Shaw N.L e S.A Sargent (2003). Produção de pimento em estufa na Florida. P G7-G12 In: Greenhouse production in Florida. Discurso. Secção Citrus Veg. Mag.

Jovicich, E., D.J. Cantliffe, J., VanSickle, e P. Stoffela. (2005). Pimentos de cor cultivados em estufa: Uma alternativa rentável para a produção de hortaliças na Flórida? Hort Technology 15:355-369.

Kanwar, M.S., M.S. Mir, K. Lamo e P.I. Akbar, 2014. Efeito das estruturas protegidas no rendimento e nas caraterísticas hortícolas do pimentão (Capsicum annuum L.) nos áridos frios indianos. Afr. J. Agric. Res., 9: 874-880.

Kelley W.T e Boyhan G., (2009), Commercial Pepper Production Handbook. The University of Georgia, Cooperative Extension Disponível em: http://pubs.caes.uga.edu/caespubs/pubs/PDF/B1309.pdf

Khokhar, M.A., K.M. Khokhar, G. Jeelani e T. Mehmood, 2006. Produção fora de época e estudos de correlação de híbridos de tomate em túnel de plástico. Sarhad J. Agricult, 22: 237-239

Kurubetta, Y. e A.A. Patil, (2009). Desempenho de híbridos de Capsicum coloridos em diferentes estruturas protegidas. Karnataka J. Agric. Sci., 22: 1058-1061

Marcelis L.F.M e Baan Hofman-Eijer LR. (1995). Análise do crescimento de frutos de pimentão (Capsicum annuum L.). Ata Horticulturae 412: 470-478.

Medany, M.A., M.K. Hassanein e A.A. Farag, 2009. Efeito de redes pretas e brancas como coberturas alternativas para a produção de pimentão em estufas no Egito. Ata Hort., 807: 121- 126

\Muhammad F., Aasia R., Riaz C. M., Uzair Q., Nawab N.N e Hidyatulllah, (2015). Estudos sobre o desempenho de híbridos de pimentão (Capsicum annum L.) em túnel de plástico. Programa de Hortaliças, Instituto de Pesquisa em Horticultura (HRI), Ciência, Tecnologia e Desenvolvimento 34 (3): 155-157, 2015

Muhamman M. A e Auwalu B. M. (2009). Desempenho das plântulas de pimentão (Capsicum annumm L.) influenciado pelos meios de cultura e fontes de fertilizantes na zona da savana da Guiné do norte da Nigéria. Biol. Environ. Sci. J. Tropics (BEST), Universidade Bayero de Kano, Nigéria. 6 (3): 109-112.

Norman, J. C. (1992). Tropical vegetable crops. Arthur, H. Stockwell Ltd. Elms.

Ogbodo E.N., (2009), alterações nas propriedades de um solo ácido alterado com casca de arroz e efeitos no crescimento do rendimento do pimento em Abakaliki, no Sudeste da Nigéria. Revista de agricultura sustentável da América-Eurásia. 3(3) 579- 586

Olalla, F e Valero J. A, (1994). Crescimento e produção de pimentão sob diferentes intervalos de irrigação. Série de investigação Arkansas - Agric Experimental Station. Pp 125 -128

Peet M., (1995). Sustainable Practices for Vegetable Production in the South (Práticas sustentáveis para a produção de legumes no Sul). Disponível em: http://www. cals.ncsu. edu/sustainable/peet/preface.html

Sinnadurai T, (1992). Vegetable Cultivation, Asempa Publishers Christian Council of Ghana

Singh A.K, Gupta M.J e Shrivastav R. (2003). Estudo do espaçamento, da poda de formação e das variedades de pimento em condições de estufa. Progressive Horticulture 7: 212-216.

Singh B, Kumar M e Sirohi N P S. (2004). Cultivo de abóbora de verão fora de época. Indian Horticulture 49 (1): 9-11.

Singh B., Singh A. K e Tomar B. (2010). Nas zonas periurbanas, a cultura protegida Tecnologia para trazer prosperidade. Indian Horticulture 55 (4): 31-3.

Singh, A.K., B. Singh e R. Gupta, 2011. Desempenho das variedades de pimentão (Capsicum annum) e economia em condições protegidas e de campo aberto em Uttarakhand. Indian J. Agric. Sci., 81: 973-975.

Departamento de Agricultura dos EUA. (2005). Normas dos Estados Unidos para as qualidades de pimentão doce. Departamento de Agricultura dos EUA, Serviço de Comercialização Agrícola

Wiltshire Colin, (2007), Greenhouse operation handbook. Ministério da Agricultura, Departamento de Alimentos e Culturas, Graeme Hall, Barbados

Zakaria A., El Haddad Mohammed,. Y. El Ansary, Hosny.M., Abd-El Baky e Samir. A. A, (2003). Alguns parâmetros ambientais que afectam o crescimento e a produtividade do pimentão sob diferentes formas de estufa em condições climáticas quentes e húmidas.

Printed by Books on Demand GmbH, Norderstedt / Germany